Chic 嬉・生活 021

拜託 泡麵這樣煮超好吃~

泡麵達人館店長
Joyce 的新煮義

Joyce 謝于璇・著

高寶書版集團

PART 1
簡單上手篇
1~15

只要幾個簡單的食材，3個步驟以內，輕鬆完成一碗令人食指大動的泡麵

PART 2
異國風味篇
16~25

不用上館子，用泡麵也可以吃遍各國料理

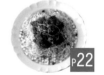

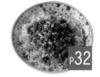

拜託
泡麵
這樣煮
超好吃

泡麵達人館店長
Joyce的新煮義

Contents

PART 3
創意料理，點心及甜點篇
26~38

Part 4
PART 4
Joyce私房篇
39~50

簡單　樂活　新搭配

愛做夢的我終於有機會出版一本輕鬆樂活的書，可以藉此機會與大家分享許多泡麵料理；當然，也希望能藉此拋磚引玉徵求不同創作料理的食譜，讓美食料理多一些私房美味，歡迎對美食有熱忱的讀者，寫信來與我分享彼此的獨特食譜吧！

這本書其實在腦海中蘊釀許久，平時應媒體要求也常寫食譜以供美食節目表演，沒想到有一天可以彙集整理並拍照出版，相當有幸與各位一同分享。

三十歲轉行進入餐飲界，無數個日子跌跌撞撞，遇過形形色色的客人，然而在料理上小有天分，也因為不服輸的個性而決定進入廚房歷練及學習，儘管遇到許多困難也阻止不了那份學習及求好的心，也為了對客人負責，嚴格把關每日進貨食材，也因為這份執著及用心，廣結了一些給予支持鼓勵的忠實客人，希望您會同意這份對美食的執著，也喜愛這本書帶給您的料理驚喜。

Joyce

創造飲食多變風貌　泡麵飲食進階變化

隨著文明進步及科技發展，泡麵衍生出所謂方便麵、速食麵、各式各樣口味，也改良到非油炸麵條，不加味精，以及維他命 E（天然抗氧化劑）來延長保存期限，但這麼多方便及好處還不足以滿足目前講求創意、講求美味的現代人，於是「代煮泡麵」便成了餐飲界的新話題，多數人認為這是一門好生意，當有人想吃，而有人願意代勞。但有時候一個人在家時也想自己動手做，或是兩個人窩在家裡不想出門時就可以利用簡單或現有的食材，搭配喜愛的泡麵，輕鬆而優雅的端上桌！

本書就是教大家如何運用家中現有或超市購買的食材，就能完成一道道不用花大錢的美味泡麵料理。

泡麵的基本介紹

傳統老牌子捲捲型泡麵
這種麵條較細，一般麵身顏色略偏金黃色，適合涼拌或沙拉類（乾吃），煮成湯麵也不錯，快速又方便！

日式拉麵泡麵
此拉麵用北海道小麥製成，有分為細麵，一般麵條與烏龍麵條，適合湯頭較清淡的料理，這樣才能品嚐到麵條單純的麥香。

新款老牌子非油炸寬麵
這種麵條呈細扁型，麵身偏乳白色，適合麻辣或牛肉麵等重口味料理。

韓國拉麵泡麵
麵條呈圓柱型，是所有麵條裡最粗最紮實的，適合濃郁湯頭料理，讓圓滾滾的麵條包裹著美味香醇湯頭。

PART 1
簡單上手篇

只要幾個簡單的食材，
3個步驟以內，
輕鬆完成一碗令人食指大動的泡麵。

1 蔬果泡麵沙拉（素食可）

 材料（兩人份）

金桔···················· 3 顆
美生菜···················· 半顆
聖女番茄···················· 6 顆
小豆苗···················· 少許
玉米粒···················· 2 匙
紫洋蔥···················· 少許
和風沙拉醬···················· 適量
捏碎泡麵···················· 半包

 適合泡麵

市售一般泡麵均可 。（最好別選寬麵條或其他口感較硬，需大火煮很久的麵條，以免影響口感）

🕐 **料理時間：** 5 分鐘

💲 **花費金額：** 約 50 元

 作法

1. 取一圓盤將美生菜，聖女番茄、小豆苗、玉米粒及紫洋蔥均勻舖好，淋上喜愛的醬汁再擠入金桔汁（視個人喜好）
2. 食用前灑上碎泡麵，可代替核果或烤培根，清爽又美味，一樣保有脆脆口感！

MEMO

1. 上列金桔亦可用檸檬或萊姆…等其他酸甜水果代替。
2. 其他不用的調味料可作為燙青菜拌料，好吃方便又不浪費！

夏日必備的清爽聖品

2 黃金蝦卵佐桔汁涼麵

 材料（兩人份）

超市購買蝦卵……… 一盒
紫洋蔥……………… 少許
小黃瓜……………… 半條
有機店的紫高麗苗… 少許（裝飾用）
冰水………………… 500c.c
自製桔汁醬………… 一瓶
泡麵………………… 2 包

適合泡麵

市售一般泡麵均可。

料理時間： 10 分鐘

花費金額： 約 80 元

 **作法**

1. 所有材料洗淨，紫洋蔥切絲，小黃瓜用波浪刀切絲。
2. 滾水放入泡麵煮八分熟，快速撈起冰鎮降溫。
3. 取一淺盤把泡麵跟黃金蝦拌勻，再加上紫洋蔥、小黃瓜絲、紫高麗苗，食用前淋上橙汁醬即可。

MEMO

自製桔汁醬其實很簡單。一包美乃滋、一瓶原味優酪乳、客家風味的金桔醬，倒入容器調勻即可。

3 沙茶四季豆泡麵

材料（兩人份）

四季豆………………… 4 兩
沙茶醬………………… 2 匙
紅辣椒………………… 少許（裝飾用）
水……………………… 900c.c.
泡麵…………………… 2 包

作法

1. 上列材料洗淨，四季豆去頭尾切斜段，紅辣椒切絲。
2. 滾水先汆燙四季豆約 2 分鐘撈起與沙茶醬拌勻，加入泡麵煮八分熟，最後再擺上沙茶四季豆即可。

 適合泡麵

市售一般泡麵均可。

🕐 料理時間：5 分鐘

$ 花費金額：約 30 元

MEMO

沙茶四季豆泡麵簡單方便，便宜又美味，相當適合忙碌的上班族！

4 綠藻魚子醬涼麵

 材料（兩人份）

市售涼拌綠藻	4 兩
小黃瓜	半條
魚子醬	2 匙
冰水	500c.c
香油	少許
泡麵	2 包

 料理時間： 5 分鐘

花費金額： 約 60 元

作法

1. 小黃瓜洗淨切絲備用。滾水先汆燙泡麵煮至八分熟，快速撈起入冰水降溫。

2. 取一淺盤把泡麵擺好，依序加入綠藻，小黃瓜絲及魚子醬。

3. 最後淋一點香油，讓麵條保持油亮，因為涼拌綠藻及魚子醬都已調味，所以這道料理不需再加任何調味料了。

適合泡麵

市售一般泡麵均可。

MEMO

海藻含有豐富的礦物質及碘，脆脆的口感
為平淡的生活製造不同的樂趣吧！

5 蔥油鶏腿泡麵

 材料（兩人份）

超市購買切好油鶏腿……… 1 支
蔥…………………………… 1 支
小黃瓜……………………… 1 段
九層塔……………………… 少許
水…………………………… 900c.c
沙拉油……………………… 少許
泡麵………………………… 2 包

 料理時間： 5 分鐘

花費金額： 約 100 元

 作法

1. 小黃瓜洗淨切絲備用，蔥切段後切絲。
2. 滾水先放入泡麵煮八分熟，加入調味料後擺上油鶏腿，放上蔥絲即可熄火。
3. 燒一點熱油淋在油鶏上，讓蔥的香味為整個料理提味，也利用油的高溫讓鶏肉表皮香酥可口。

適合泡麵

市售一般泡麵均可。

MEMO

這是一般上館子才吃得到的現做燒鶏料理，如果可以在家自己嘗試，只要用現成的食材，就可為自己的廚藝加分！

6 茄汁鯖魚泡麵

 材料（兩人份）

大番茄……………… 1 顆
罐裝茄汁鯖魚……… 1 罐
水………………… 900c.c.
泡麵……………… 2 包

 料理時間： 3 分鐘

花費金額： 約 50 元

 作法

1. 泡麵入滾水煮八分熟，倒入茄汁鯖魚罐頭的湯汁，讓湯頭充滿濃郁的香味。
2. 加入切片的大番茄，最後加入整塊的鯖魚即可。

適合泡麵

市售一般海鮮泡麵均可。

MEMO

最快速又美味的料理，湯鮮味美，誰說罐
頭食品不能變好吃呢？

7 杏鮑菇加金針花泡麵

 材料（兩人份）

杏鮑菇……………… 1 支
新鮮金針花………… 4 兩
紅蘿蔔絲…………… 少許
沙拉油……………… 少許
水……………… 900c.c
泡麵……………… 2 包

 料理時間： 10 分鐘

花費金額： 約 60 元

 作法

1. 起油鍋小火炒熟杏鮑菇，金針花及紅蘿蔔絲。
2. 滾水把泡麵放入煮八分熟，最後加上已炒熟的配料即可。

適合泡麵

市售一般泡麵均可。

MEMO

菇類含有豐富多醣體，清脆口感加上金針
花的甜味，讓泡麵也能健康低熱量！

8 涼拌豬耳絲泡麵

 材料（兩人份）

市售已調味豬耳絲… 4 兩
蔥花……………… 少許
水………………… 900c.c
泡麵……………… 2 包

 料理時間： 3 分鐘

花費金額： 約 50 元

 作法

1. 泡麵入滾水煮八分熟。
2. 最後加入涼拌的豬耳絲即可。

 **適合泡麵**

市售一般泡麵均可。

MEMO

這道料理是擷取滷味的精華與湯麵的美味
融合在一起！

9 草蝦芥藍菜泡麵

 材料（兩人份）

草蝦仁……………… 4 兩
芥藍菜……………… 1 把
綜合碎堅果………… 2 匙
冰水………………… 500c.c
泡麵………………… 2 包

 料理時間： 5 分鐘

$ 花費金額： 約 60 元

 作法

1. 滾水先汆燙芥藍菜與草蝦仁，撈起入冰水冰鎮。
2. 再加入泡麵繼續煮至八分熟，瀝乾盛起備用。
3. 取一淺盤把泡麵擺好，依序加入草蝦仁與芥藍菜，食用前灑上碎堅果即可。

 **適合泡麵**

市售一般泡麵均可。

MEMO

碎堅果在這道料理扮演了畫龍點睛的功效，增加口感又得到滿滿營養。

10 糖醋排骨泡麵

 材料（兩人份）

料理過的調味糖醋排骨………6兩
柳橙或香吉士………………1顆切半
黃瓜丁………………………少許
水……………………………800c.c
泡麵…………………………2包

料理時間： 5分鐘

花費金額： 約120元

 作法

1. 把泡麵放入滾水煮至八分熟，起鍋裝碗。
2. 依序加入糖醋排骨、黃瓜丁，食用前淋上柳橙或香吉士汁即可。

適合泡麵

市售一般泡麵均可。

MEMO

一般的糖醋排骨少了個新鮮橙汁的味道，所以食用前再擠入新鮮橙汁，讓美味更升級哦！

11 菇之舞泡麵

 材料（兩人份）

市售雞湯塊	2 塊
鴻禧菇	1 包
蔥	1 支
香油	少許
水	1,000 c.c.
泡麵	2 包

 料理時間： 5 分鐘

 花費金額： 約 50 元

 作法

1. 取一湯鍋將雞湯塊或雞高湯倒入，並加水大火煮沸。
2. 鴻禧菇與蔥洗淨，蔥可切成蔥花備用。
3. 滾水加入鴻禧菇與泡麵及其調味料，3 分鐘後灑上蔥花，滴上幾滴香油即可。

 適合泡麵

康師傅的香菇燉雞泡麵。

MEMO

如果沒有時間也不方便在家熬雞湯者，超
市所賣的雞湯塊或雞高湯是不錯的選擇。

12 番茄雞蛋肉燥泡麵

 材料（兩人份）

大紅番茄（或牛番茄）⋯⋯ 1 顆
雞蛋⋯⋯⋯⋯⋯⋯⋯⋯ 2 顆
肉燥⋯⋯⋯⋯⋯⋯⋯⋯ 2 匙
蔥⋯⋯⋯⋯⋯⋯⋯⋯⋯ 1 支
水⋯⋯⋯⋯⋯⋯⋯⋯⋯ 900c.c.
泡麵⋯⋯⋯⋯⋯⋯⋯⋯ 2 包

 料理時間： 5 分鐘

花費金額： 約 40 元

 作法

1. 上列蔬果洗淨，番茄切片，蔥切成蔥花備用。
2. 取一湯鍋滾水煮泡麵及調味料，加入大番茄略滾，此時茄紅素才會增加且被我們吸收哦！
3. 快速倒入蛋液並攪拌成黃澄澄蛋花，最後加入肉燥及蔥花即可。

 **適合泡麵**

一般口味泡麵均可（茄汁湯麵最佳）

MEMO

食慾不振時來碗清爽又豐富的美味料理吧！

13 荷蘭豆玉米泡麵

 材料（兩人份）

罐裝玉米粒………… 3 匙
荷蘭豆…………… 適量
新鮮巴西里………… 少許
水……………… 450c.c.
泡麵……………… 2 包

 料理時間： 5 分鐘

$ **花費金額：** 約 30 元

 **作法**

1. 荷蘭豆與巴西里洗淨，荷蘭豆去老筋，由尾部撕開，巴西里切碎。
2. 泡麵及調味料入滾水煮 2 分鐘再加入荷蘭豆略滾一下，去除豆類的澀味。
3. 起鍋後加上玉米粒及巴西里即可，清淡又漂亮！視覺味覺都滿分！

 適合泡麵

一般海鮮口味泡麵均可。

MEMO

巴西里在國外被視為烹調用的最佳香料，
很像我們常用的蔥、九層塔、香菜等。

將受歡迎的毛豆和海苔加在一起吧！

14 海苔醬油泡麵

 ## 材料（兩人份）

市售冷凍毛豆仁…… 150g
大海苔片………… 2 片
洋蔥……………… 少許
水………………… 450c.c.
冰水……………… 200c.c
泡麵……………… 2 包

 ## 料理時間：5 分鐘

花費金額：約 25 元

 ## 作法

1. 將冷凍毛豆仁入滾水川燙約 10 秒，撈起泡冰水，保持翠綠顏色！
2. 取一湯碗放入海苔片備用。
3. 泡麵及調味料加入滾水中略煮 2 分鐘，起鍋倒在海苔片上，灑上毛豆仁即可。

 ## 適合泡麵

一般醬油口味泡麵均可。

MEMO

此料理可用玉米粒代替，大人小孩都愛。

豆豉的香氣讓人肚子不停咕嚕作響

15 豆豉韭菜泡麵

 材料（兩人份）

肉末或肉燥…………	150g
韭菜………………	半把切丁
豆豉………………	少許
紅辣椒片…………	少許
沙拉油……………	少許
水…………………	850c.c.
泡麵………………	2 包

 料理時間：5 分鐘

花費金額：約 30 元

 作法

1. 豆豉沖水去鹹味。
2. 起油鍋小火爆香上列材料，撈起備用。
3. 泡麵及調味料加入滾水中略煮 2 分鐘，盛碗後加上炒好的韭菜肉末即成一道香噴噴誘人料理。

 適合泡麵

一般口味泡麵均可。

MEMO

此料理若無新鮮絞肉亦可用肉燥代替。

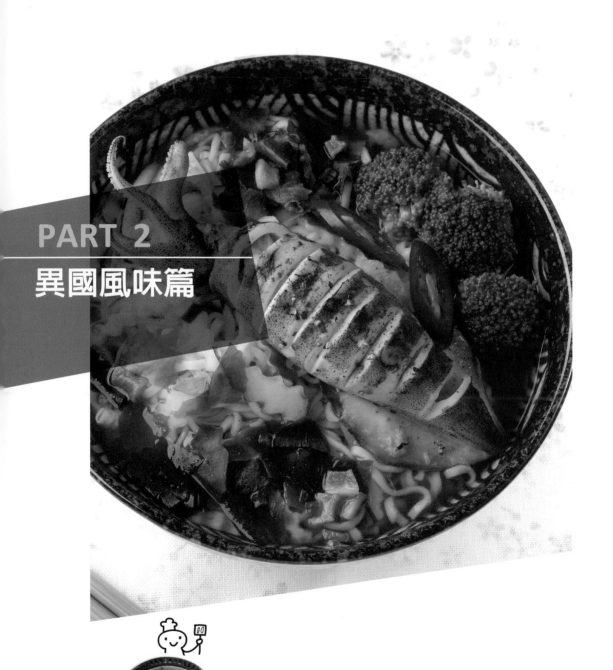

PART 2

異國風味篇

不用上館子，用泡麵也可以吃遍各國料理。

16 韓式豬肉鍋泡麵

 材料（兩人份）

超市販售韓式泡菜…	少許
梅花豬肉片…………	適量
水…………………	1,000c.c.
泡麵…………………	2 包

 適合泡麵

選泡菜口味的最合適。

 作法

1. 滾水煮熟泡麵後，倒入泡菜裡的湯汁，增添風味。
2. 約煮 2 分鐘後加入泡麵裡的調味料，再將肉片放入，使其肉片均勻吸附湯汁精華。
3. 最後加入泡菜一起拌勻，如果要講究雙重口感者，可先加一半泡菜與泡麵一起煮，另一半待麵好了再擺上去，這樣就能享受到兩種不同口感的滋味了！

 料理時間：5 分鐘

$ 花費金額：約 60 元

MEMO

如果想豐富一點，也可以加入蛋豆腐，在此選蛋豆腐是因為多了滑嫩口感與蛋的營養，誰說泡麵就一定要加蛋呢？

海苔加上溫泉蛋的絕妙口感令人難忘

17 韓式芝麻海苔溫泉蛋冷湯麵

 ## 材料（兩人份）

溫泉蛋	2 顆
三島香鬆	2 匙
蔥花	少許
水	750c.c.
冰水	200c.c
泡麵	2 包

 ## 適合泡麵

一般醬油口味泡麵均可。

料理時間：5 分鐘

花費金額：約 35 元

 ## 作法

1. 將泡麵入鍋煮至九分熟，加入調味料及冰水，保持泡麵湯底是微涼的！
2. 溫泉蛋切半擺在泡麵上，灑上香鬆及蔥花即可。

MEMO

此料理適合天氣太熱或不想吃太熱食物時享用，是韓國很流行的一道小吃！

18 日式梅花豬豚骨泡麵

 材料（兩人份）

排骨湯塊……………… 1 片
罐裝玉米粒………… 3 匙
梅花豬肉片………… 4 兩
蔥花………………… 少許
水…………………… 900c.c.
泡麵………………… 2 包

 **適合泡麵**

一般豚骨口味泡麵均可。

 料理時間： 5 分鐘

$ 花費金額： 約 50 元

 作法

1. 冷水加入排骨湯塊熬煮。
2. 加入泡麵及調味料入滾水煮 2 分鐘，再加入梅花豬肉片略滾一下。
3. 起鍋後加上玉米粒及蔥花即可，湯頭濃郁又漂亮！在家也能享受到日式拉麵的口感！

MEMO

玉米粒在此有增加色彩及提味的作用，下鍋煮或單吃都非常美味！

19 日式碳烤花枝泡麵

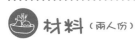 **材料**（兩人份）

中型花枝……………… 2 隻
綠花椰菜……………… 6 朵
乾燥蔬菜……………… 少許
紅辣椒………………… 1 支
海塩…………………… 少許
料理米酒……………… 2 匙
七味粉………………… 少許
水……………………… 900c.c.
泡麵…………………… 2 包

料理時間： 10 分鐘

花費金額： 約 100 元

 **作法**

1. 花枝洗淨，放入小烤箱慢慢加熱，直至兩面熟透略焦，待涼再劃數刀。
2. 取一湯鍋滾水煮泡麵及調味料，加入綠花椰菜及乾燥蔬菜略滾，約 2 分鐘即可熄火。
3. 把烤好的花枝灑上海塩及七味粉，最後加入紅辣椒配色即可。

適合泡麵

一般海鮮口味泡麵均可。

MEMO

簡單烹調即可享有頂級日式料理的豐富，
不妨找個時間動手吧！

20 法式胡桃木雁鴨炒泡麵

 材料（兩人份）

雁鴨（或用宜蘭鴨賞）…6兩
荷蘭豆………………… 約10莢
紅黃甜椒……………… 少許
洋蔥…………………… 半個
香菇…………………… 2朵
蒜片…………………… 少許
沙拉油………………… 少許
巴西里或市售香料……… 少許
水……………………… 700c.c.
泡麵…………………… 2包

 料理時間：5分鐘

$ **花費金額**：約120元

 作法

1. 泡麵入滾水煮，大約煮個1分鐘半即可熄火（因為還要過炒，怕泡麵過熟）。

2. 平底鍋倒入少許油，蒜片及上列材料大火快炒約1分鐘，再加入已煮好的泡麵及調味料拌勻，即可起鍋盛盤。

3. 最後灑上巴西里或香料，簡單又好吃的炒泡麵就完成了！

 **適合泡麵**

一般海鮮口味泡麵均可。

MEMO

若沒有上列蔬菜亦可用其他喜歡或當季蔬菜取代。

21 法式黑松露牛肝菌菇燴麵

 材料（兩人份）

泡水切碎牛肝菌菇…………2匙
黑松露醬…………………1匙
白松露油…………………少許
無糖鮮奶油………………100c.c.
乳酪絲……………………約30g
橄欖油……………………少許
水…………………………800c.c.
泡麵………………………2包
莓果類……………………2匙
巧克力醬…………………少許
切碎紅黃甜椒（裝飾用）…適量

 料理時間：10分鐘

 花費金額：約230元

 作法

1. 泡麵煮至5分熟瀝乾撈起，帶有一點麵心最佳。
2. 平底鍋加入橄欖油小火爆香切碎的牛肝菌菇，再加入鮮奶油、乳酪絲、倒入浸泡牛肝菌菇的水來增添香氣。
3. 倒入已燙好的泡麵，輕輕拌炒使其均勻沾上醬汁，起鍋前淋上白松露油即可。

適合泡麵

一般口味泡麵均可。

MEMO

此道料理曾在美食節目中出現哦！觀眾反應相當熱烈！只要備妥材料，在家裡一樣可以享有法式頂級好手藝。

22 義式培根蒜片辣椒炒泡麵

 材料（兩人份）

培根………………	1 片
蒜片………………	3 顆切片
紅辣椒……………	2 根切片
沙拉油……………	少許
水…………………	800c.c.
泡麵………………	2 包

 料理時間： 10 分鐘

$ 花費金額： 約 30 元

 作法

1. 泡麵入滾水煮，大約煮個 1 分鐘半即可熄火（因為還要過炒，保有泡麵彈牙口感）。
2. 平底鍋倒入少許油，蒜片及上列材料大火快炒約 1 分鐘，再加入已煮好的泡麵及調味料拌勻，即可起鍋盛盤。
3. 口味較重者，可另外加辣椒粉或辣油提味。

 適合泡麵

一般口味泡麵均可。

MEMO

若有其他蔬菜亦可加入，可以讓料理多一點脆綠及營養。

23 義式蘿勒奶油鮭魚泡麵

 材料（兩人份）

新鮮去皮切片鮭魚…	4 兩
綠花椰菜…………	半顆
蘿勒………………	1 兩
蒜仁………………	4 顆
白酒………………	10c.c.
鮮奶油……………	100c.c.
水…………………	500c.c.
泡麵………………	2 包

 料理時間： 10 分鐘

花費金額： 約 100 元

 作法

1. 上列蔬菜洗淨，蒜仁切片、蘿勒切碎、綠花椰菜切朵汆燙備用。
2. 取平底鍋將蒜片爆香，加入鮭魚中火輕輕攪拌，以免弄碎。
3. 鮭魚香味散發出來後加入水，綠花椰菜及泡麵，大火煮至麵八分熟再加入蘿勒末，白酒及鮮奶油，蓋鍋悶煮 1 分鐘，即可熄火盛碗。

適合泡麵

一般海鮮口味泡麵均可。

MEMO

青醬（蘿勒）奶油鮭魚麵乃西式經典口味，在家裡吃泡麵也能享有歐式的感覺，值得一試！

24 海瓜子清湯泡麵

 材料（兩人份）

海瓜子·················· 8 兩
荷蘭豆·················· 約 8 莢
紅辣椒·················· 少許
蒜片···················· 少許
白酒或料理酒········ 少許
水····················· 900c.c.
泡麵·················· 2 包

 料理時間： 5 分鐘

$ **花費金額：** 約 60 元

 作法

1. 泡麵入滾水煮，大約煮八分熟 .
2. 加入蒜片、荷蘭豆與海瓜子煮 30 秒，倒入白酒及紅辣椒提味即可起鍋。

適合泡麵

一般海鮮口味泡麵均可 。

MEMO

若沒有海瓜子，亦可用蛤蜊或其他海鮮料
取代，一樣鮮美好滋味！

25 京都燒排泡麵

 材料（兩人份）

已調味京都紅燒排骨… 6 兩
紅蘿蔔絲…………… 少許
金針花……………… 4 兩
水…………………… 800c.c
泡麵………………… 2 包
九層塔……………… 少許

料理時間：5 分鐘

花費金額：約 80 元

 作法

1. 把泡麵放入滾水煮至八分熟，起鍋裝碗。
2. 依序加入紅燒排骨，紅蘿蔔絲及金針花，食用前加上九層塔即可！

適合泡麵

市售一般泡麵均可。

MEMO

因為排骨已紅燒調味，所以煮泡麵的水不
需太多，否則淡而無味，九層塔與紅燒排
骨的搭配真是太美味了，用九層塔香還可
解除紅燒排的油膩感，有空不妨試試！

泡麵的驚人作法，平凡泡麵大變身。

26 油蔥胡瓜泡麵

 材料（兩人份）

胡瓜（小）…………	1/3 顆
油蔥酥………………	少許
蔥花…………………	少許
沙拉油………………	2 匙
水……………………	900c.c.
泡麵…………………	2 包

 適合泡麵

一般肉燥或排骨雞口味泡麵均可。

 料理時間：10 分鐘

 花費金額：約 30 元

作法

1. 將胡瓜去皮切絲備用。
2. 起油鍋小火炒香油蔥酥及胡瓜，加入一點水讓胡瓜熟透軟爛，最後加一點點塩及糖調味。
3. 泡麵入滾水煮至八分熟起鍋，最後加上已煮軟的油蔥胡瓜即可。

MEMO

夏天吃瓜果類蔬菜清淡又健康！

27 養生南瓜蔬菜燉泡麵（奶素可）

 ## 材料（兩人份）

南瓜…………………	約 4 兩
洋蔥…………………	1 兩
荷蘭豆………………	6 個
紅黃甜椒……………	少許
新鮮香菇……………	2 朵
鮮奶油………………	50c.c.
水……………………	700c.c.
泡麵…………………	2 包

 ## 適合泡麵

一般無辣口味泡麵均可。

 ## 料理時間：5 分鐘

 ## 花費金額：約 100 元

 ## 作法

1. 南瓜連皮洗淨切塊，用果汁機打成泥狀，洋蔥切丁，荷蘭豆去老筋，紅黃椒及香菇切片備用。
2. 所有材料與鮮奶油及少許水一起入鍋煮至八分熟，再加入泡麵約煮 2 分鐘即可起鍋。

MEMO

南瓜養生且抗氧化佳，打成泥與其他蔬菜一起燉煮，加入鮮奶油有極佳滑潤作用，而蔬菜有增加口感及豐富維他命來源，營養滿分又減少負擔！

28 香煎牛小排泡麵

 材料（兩人份）

無骨牛小排…………… 2 片
綠花椰菜……………… 4~6 朵
黑胡椒粉（粗粒）… 少許
紅辣椒與九層塔…… 少許
沙拉油……………… 2 匙
泡麵………………… 2 包
水…………………… 1,000c.c.

 適合泡麵

帶有辣味的牛肉口味泡麵均可。

 料理時間：10 分鐘

 花費金額：約 120 元

 作法

1. 起油鍋大火先煎牛排，每面約煎半分鐘，讓肉呈現粉紅色即可取出置涼。
2. 泡麵入滾水煮至八分熟，倒入調味料熄火，讓鍋子的餘溫留在泡麵裡繼續加熱。
3. 把煎好的牛小排斜切成五等分，擺上紅辣椒與九層塔裝飾，就是美味的創意料理啦！

MEMO

喜歡重口味或偶爾來道混搭風，也是不錯的選擇哦！

29 彩椒開陽泡麵盅

 材料（兩人份）

黃甜椒················· 1 顆
小蝦米················· 1 把
細絞肉················· 4 兩
紅辣椒及蔥花········ 少許
沙拉油················· 少許
水······················· 700c.c.
泡麵··················· 2 包

 料理時間：5 分鐘

花費金額：約 60 元

 作法

1. 取一黃椒切開蒂，讓它變成一個甜椒盅造型。
2. 起油鍋小火爆香絞肉及小蝦米。
3. 泡麵入滾水煮至八分熟，倒入調味料熄火，最後裝入甜椒盅，灑上紅辣椒及蔥花即可。

 適合泡麵

一般口味泡麵均可（肉燥及排骨湯底最佳）。

MEMO

創新的料理手法，讓你享有一麵兩吃的不
同境界哦！

30 塔香茄子泡麵

 材料（兩人份）

茄子·················· 2 根
綠花椰菜·············· 6 朵
花椰菜心············· 幾片
九層塔及紅辣椒····· 少許
醬油及沙拉油········ 2 匙
水··················· 900c.c
泡麵················· 2 包

 料理時間：10 分鐘

 **花費金額**：約 50 元

 作法

1. 茄子可先滾水汆燙至五分熟，撈起入冰水，保持鮮艷色澤。
2. 起油鍋把茄子及綠花椰菜及菜心炒熟，加入醬油調味，起鍋前再加九層塔略炒。
3. 取一湯鍋滾水煮泡麵及調味料，煮八分熟即可熄火，將炒好的茄子放在泡麵上，好看又好吃！

 適合泡麵

一般口味泡麵均可（醬油口味最佳）。

MEMO

沒想到泡麵跟紅燒茄子也能這麼搭，多吃個幾碗也沒問題！

31 酥炸田鷄腿泡麵

 材料（兩人份）

去皮田鷄腿………… 2 支
白酒……………… 少許
白胡椒……………… 1 匙
酥炸粉……………… 5 匙
鷄粉……………… 1 匙
沙拉油……………… 約 150c.c.
紅椒粉……………… 少許
九層塔……………… 幾片
水………………… 750c.c.
泡麵……………… 2 包

料理時間：30 分鐘

花費金額：約 120 元

作法

1. 田鷄腿加入上列調味料醃漬約 20 分鐘，使其入味。

2. 取平底鍋將九層塔爆香，撈起備用，中小火放入已裹酥炸粉的田鷄腿煎炸，當兩面呈現金黃色時轉大火逼出油份，即可盛起。

3. 滾火加入泡麵及調味料煮至八分熟熄火，再擺上已炸好的田鷄腿及九層塔就大功告成了！

適合泡麵

一般肉燥或沙茶口味泡麵均可。

MEMO

可用廚房紙巾吸附田鷄腿的多餘油脂，吃起來較不油膩，這道料理不需太多油，用半煎炸方式，蓋上鍋蓋可使熱氣穿透食材且不易燙傷。

32 日式風味泡麵大阪煎

 材料（兩人份）

麵粉⋯⋯⋯⋯⋯⋯ 5 匙
美乃滋⋯⋯⋯⋯⋯ 適量
高麗菜絲⋯⋯⋯⋯ 1 碗
水⋯⋯⋯⋯⋯⋯⋯ 780c.c.
（750 c.c. 燙麵，30c.c. 與麵粉拌勻）
鷄粉⋯⋯⋯⋯⋯⋯ 1 匙
沙拉油⋯⋯⋯⋯⋯ 少許
蛋⋯⋯⋯⋯⋯⋯⋯ 2 顆
泡麵⋯⋯⋯⋯⋯⋯ 2 包

 料理時間：10 分鐘

花費金額：約 30 元

 作法

1. 滾水將泡麵煮至五分熟即可撈起備用（等一下要再煎過）。
2. 麵粉加 30c.c. 水及調味料拌勻成麵糊。
3. 平底鍋加入少許油把高麗菜炒至七分熟，加入鷄粉拌勻撈起，另起油鍋小火把麵糊倒入，再上燙好的麵條及高麗菜，用鍋鏟攤平，使其均勻受熱，打顆蛋在最上方，蓋上鍋蓋讓熱氣悶熟，即可看到鍋底的泡麵煎得金黃焦香，熄火後擠上美乃滋就成了自創大阪煎泡麵了！

 適合泡麵

一般口味泡麵均可 。

MEMO

此料理亦可用美生菜切絲代替，增加清脆口感！

33 蝦仁脆麵點心

 **材料**（兩人份）

美生菜⋯⋯⋯⋯⋯⋯	半顆
大蝦仁⋯⋯⋯⋯⋯⋯	6 兩
帆立貝⋯⋯⋯⋯⋯⋯	4 兩
魷魚⋯⋯⋯⋯⋯⋯⋯	4 兩
黃甜椒與紅辣椒⋯⋯	少許
小黃瓜絲⋯⋯⋯⋯⋯	少許
米酒⋯⋯⋯⋯⋯⋯⋯	2 匙
塩⋯⋯⋯⋯⋯⋯⋯⋯	1 匙
水⋯⋯⋯⋯⋯⋯⋯⋯	300c.c.
丸子點心麵⋯⋯⋯⋯	1 包

 料理時間：5 分鐘

 花費金額：約 80 元

 作法

1. 美生菜切半洗淨剝去外皮泡冰水，選 2 片大小適中的葉子做為食材器皿。
2. 滾水加入米酒及塩，汆燙上列海鮮約 10 秒即可。
3. 用美生菜包入上列所有食材，讓脆丸子的酥脆口感與豐富海鮮形成一道絕妙滋味！

 適合泡麵

什麼丸意兒點心麵。

MEMO

此料理亦可加入蕈其或馬鈴薯切丁煮熟，
但注意不要煮太久以保留口感！

33 蝦仁脆麵點心

 材料（兩人份）

美生菜⋯⋯⋯⋯⋯	半顆
大蝦仁⋯⋯⋯⋯⋯	6 兩
帆立貝⋯⋯⋯⋯⋯	4 兩
魷魚⋯⋯⋯⋯⋯⋯	4 兩
黃甜椒與紅辣椒⋯⋯	少許
小黃瓜絲⋯⋯⋯⋯	少許
米酒⋯⋯⋯⋯⋯⋯	2 匙
塩⋯⋯⋯⋯⋯⋯⋯	1 匙
水⋯⋯⋯⋯⋯⋯⋯	300c.c.
丸子點心麵⋯⋯⋯	1 包

 料理時間：5 分鐘

 花費金額：約 80 元

 作法

1. 美生菜切半洗淨剝去外皮泡冰水，選 2 片大小適中的葉子做為食材器皿。
2. 滾水加入米酒及塩，汆燙上列海鮮約 10 秒即可。
3. 用美生菜包入上列所有食材，讓脆丸子的酥脆口感與豐富海鮮形成一道絕妙滋味！

 **適合泡麵**

什麼丸意兒點心麵。

 MEMO

此料理亦可加入蕈菇或馬鈴薯切丁煮熟，
但注意不要煮太久以保留口感！

34 草蝦鮮茄脆麵披薩

材料（兩人份）

蝦仁………………	4 兩
紫洋蔥……………	少許
黃瓜絲……………	半條
番茄醬……………	適量
乳酪絲……………	1 把
米酒………………	1 匙
墨西哥玉米餅……	2 片
水………………	200c.c
碎泡麵……………	1 包

 料理時間： 10 分鐘

$ 花費金額： 約 80 元

作法

1. 滾水倒入米酒將蝦仁汆燙約 15 秒，小烤箱預熱。

2. 將玉米餅用平底鍋煎熟，舖上番茄醬再加上列材料，灑上乳酪絲，放入烤箱烤至乳酪絲融化呈現焦香金黃色即可取出。

適合泡麵

已開封或忘記吃完的泡麵均可，利用再加熱的能量讓麵條變得更酥脆可口。

MEMO

1.如果沒有玉米餅，可用蔥油餅取代。

2.如果要更道地美味，可以灑上辣椒粉或起司粉增添風味！

35 巧克力脆麵點心

 材料（兩人份）

巧克力片…………… 半碗
彩色巧克力米……… 適量
泡麵………………… 1 包

 料理時間： 10 分鐘

 花費金額： 約 60 元

 作法

1. 取一小型不銹鋼盆隔水加熱，此時溫度最好控制在 60 度以內，只要能把巧克力融化即可。
2. 將泡麵撥成一小片，兩面均勻沾上巧克力醬。
3. 最後灑上彩色巧克力米，就成了好吃好玩的巧克力脆麵點心了！

 適合泡麵

一般台灣傳統泡麵麵條即可。

MEMO

如果沒有巧克力原料，用巧克力醬取代也
行，但注意巧克力醬會比較甜！

36 創意焗烤泡麵

 材料（兩人份）

蒜片	少許
沙拉油	1匙
剝殼蝦仁	4兩
帆立貝	4兩
紅黃甜椒	各半顆
新鮮香菇	2朵
乳酪絲	3匙
米酒或白酒	2匙
新鮮巴西里	少許
水	800c.c.
泡麵	2包

 料理時間：15分鐘

花費金額：約50元

 作法

1. 起油鍋小火爆香蒜片與上列材料，倒入泡麵調味料，略炒個3分鐘後加酒熄火，盛盤備用。此時烤箱可先預熱。
2. 滾水入泡麵，煮至五分熟，快速撈起放入焗烤盤中。
3. 擺上炒過海鮮料，均勻鋪上乳酪絲，即可放入烤箱，約烤個5分鐘，直到乳酪絲烤得金黃香酥，就可以上桌囉！

 **適合泡麵**

一般市售海鮮口味最佳。

MEMO

有時很想吃焗烤，但又覺得外面的披薩或義式焗烤又太貴，不妨利用家裡的小烤箱，動手自己做，好吃又省錢。

37 滑蛋蝦仁泡麵

 材料（兩人份）

沙拉油……………… 2 匙
蝦仁……………… 4 兩
蛋……………… 2 顆
雞粉……………… 1 匙
蔥花……………… 少許
水……………… 500c.c.
泡麵……………… 2 包

 料理時間： 5 分鐘

花費金額： 約 50 元

 作法

1. 滾水入泡麵，煮至八分熟，快速撈起放入湯碗中。
2. 平底鍋中火倒入蛋液與蝦仁，蔥花，快速攪拌不要變成一片狀，在還沒凝固時熄火，利用鍋子餘溫煮熟，倒入湯碗中，這樣的蝦仁蛋才會滑嫩。

 **適合泡麵**

一般市售海鮮口味最佳。

MEMO

這道料理真的好吃又親民，只是加熱的速度要很快，不然蛋太老了就不好吃了！

太驚人了！泡麵也能成為蛋捲壽司！

38 日式脆蔬泡麵蛋捲

 材料（兩人份）

雞蛋……………… 3 顆
紅蘿蔔…………… 半條
小黃瓜…………… 1 條
秋葵……………… 6 根
新鮮巴西里及香鬆… 少許
水………………… 800c.c.
泡麵……………… 2 包

 料理時間：10 分鐘

$ **花費金額**：約 80 元

 作法

1. 蛋加入巴西里打勻，小火煎成蛋皮備用，秋葵略為汆燙。
2. 滾水將泡麵煮五分熟左右，撈起瀝乾，拌入調味料。
3. 把上列材料鋪在蛋皮上，並捲成蛋捲狀，切適當大小即可擺盤，最後灑上香鬆裝飾就大功告成了。

 **適合泡麵**

一般口味泡麵均可。

MEMO

花個幾分鐘，美味料理就可上桌囉！讓平凡的泡麵穿上美麗的外衣！

PART 4
Joyce私房篇

泡麵美味魔法大公開！！

39 東坡燉肉泡麵

 材料（兩人份）

三層肉切正方形…… 2 塊
紅蔥頭……………… 6 顆
冰糖………………… 10g
紅蘿蔔……………… 1 條
蘋果………………… 1 個
芥藍菜……………… 半把
水…………………… 2,000c.c.
（850c.c. 煮麵，1150c.c. 做滷汁）
沙拉油……………… 少許
泡麵………………… 2 包

 適合泡麵

一般肉燥口味泡麵均可。

 料理時間：30 分鐘

 花費金額：約 150 元

 作法

1. 起油鍋爆香紅蔥頭，加入綁好的三層肉，皮
   那面先朝下煎，定型後再加入冰糖略炒，呈
   現焦糖色。
2. 倒入 1150c.c. 左右的水及紅蘿蔔，蘋果繼
   續中火慢燉，約 20 分後待肉軟化即可。
3. 把泡麵煮至八分熟，擺上已燉好的東坡肉，
   香噴噴的美食就可上桌了！

MEMO

此料理拿來招待好友，也是不錯的選擇
哦！

貧民泡麵吃出貴族感受

40 鮑魚煨黃金蝦泡麵

 材料（兩人份）

大蛤蜊‥‥‥‥‥‥‥ 6 個
野生黃金蝦‥‥‥‥‥ 4 兩
野生鮑魚‥‥‥‥‥‥ 2 個
魚板‥‥‥‥‥‥‥‥ 2 片
綠藻海鮮泡麵‥‥‥‥ 2 包
市售海鮮湯塊‥‥‥‥ 適量

 作法

1. 蛤蜊吐沙，黃金蝦與鮑魚洗淨備用。
2. 魚板切絲。
3. 將海鮮湯塊或海鮮調味料入鍋煮沸，加入大蛤蜊，黃金蝦及野生鮑魚略煮。
3. 最後放入綠藻海鮮泡麵及調味料大火煮 2 分鐘，起鍋前加入魚板絲即可。

 適合泡麵

韓國綠藻泡麵或一般海鮮口味泡麵均可。

 料理時間： 5 分鐘

（不含蛤蜊吐沙時間）

$ 花費金額： 約 250 元

MEMO

若想變化湯頭又吃得健康，小小巧思就有不一樣變化哦！

41 紅棗枸杞燉雞腿泡麵

 材料（兩人份）

超市選購切好雞腿肉… 1 支
紅棗…………………… 10 顆
枸杞…………………… 1 把
料理米酒……………… 少許
蔥及辣椒……………… 少許
水…………………… 400c.c.
藥膳口味泡麵………… 2 包

 作法

1. 雞腿洗淨備用，紅棗用小刀劃幾刀（較易煮出味道），蔥及辣椒切細。
2. 滾水加入紅棗及枸杞煮約 10 分鐘，加入雞腿煮至肉軟嫩熟透。
3. 加入泡麵約煮 2 分鐘即可熄火，起鍋前淋上一匙米酒增添風味，這樣就變成一道美味又養生的藥膳料理了！

 適合泡麵

當歸枸杞泡麵／麻油雞泡麵均可。

 料理時間： 15 分鐘

 花費金額： 約 60 元

MEMO

這道料理選用雞腿肉是因肉質及口感較好，若喜歡膠質豐富的，亦可選用雞翅膀也很好吃哦！

42 麻油嫩肝泡麵

 材料（兩人份）

新鮮豬肝切片⋯⋯⋯ 4 兩
老薑切片⋯⋯⋯⋯⋯ 半支
黑麻油⋯⋯⋯⋯⋯⋯ 2 匙
米酒⋯⋯⋯⋯⋯⋯⋯ 2 匙
水⋯⋯⋯⋯⋯⋯⋯⋯ 900c.c.
泡麵⋯⋯⋯⋯⋯⋯⋯ 2 包

 料理時間： 5 分鐘

花費金額： 約 50 元

 作法

1. 薑片用麻油爆香至略焦，加入豬肝大火快炒至五分熟，灑點米酒增添香氣。
2. 把泡麵煮至八分熟，擺上已炒好的豬肝就行了！

 **適合泡麵**

麻油雞泡麵。

MEMO

有時自己在家也可以進補一下，利用簡單
方便的食材，讓胃也暖一下吧！

43 麻辣臭豆腐泡麵

  材料（兩人份）

麻辣醬……………………	2 匙
手工臭豆腐…………	1 片
鴨血……………………	半片
蘭花干………………	1 片
大番茄………………	1 顆
洋蔥…………………	半個
蔥花…………………	少許
泡麵…………………	2 包
水……………………	1,000 c.c.

 料理時間：10 分鐘

花費金額：約 60 元

 **作法**

1. 取一湯鍋將上列麻辣醬及材料熬煮入味，讓番茄跟洋蔥軟化釋放甜份。

2. 倒入泡麵煮至八分熟，加入調味料熄火，灑上蔥花就成了最美味的麻辣泡麵料理了。保證比師大夜市的滷味還好吃喔！

適合泡麵

帶有辣味的泡麵均可。

MEMO

喜歡重口味者最佳選擇哦！

濃郁蒜香的泡麵最適合拿來當下酒菜

44 台式蒜苗香腸泡麵

 材料（兩人份）

香腸……………… 2 條
蒜苗……………… 1 支
水………………… 750c.c.
泡麵……………… 2 包

 適合泡麵

一般口味泡麵均可（肉燥及排骨湯底最佳）。

 料理時間：10 分鐘

 花費金額：約 50 元

 作法

1. 把香腸放入烤箱烤至表面焦香熟透，待涼切片。
2. 蒜苗洗淨斜切。
3. 把泡麵煮至八分熟，放入調味料，擺上已烤好切片的香腸即可，這道料理最適合夏天配冰涼啤酒了。

MEMO

家裡若無烤箱，用平底鍋加點油乾煎也可。

45 紅麴魚排泡麵

 ## 材料（兩人份）

切片魚排…………… 6 兩
綠花椰菜…………… 6 朵
紅麴………………… 少許
三島香鬆…………… 2 匙
太白粉水…………… 10c.c.
水…………………… 800c.c
泡麵………………… 2 包

 ## 適合泡麵

市售一般泡麵均可。

 ## 料理時間：15 分鐘

 ## 花費金額：約 120 元

 ## 作法

1. 將切片魚排放入紅麴裡醃漬約 10 分鐘。
2. 起油鍋小火將魚排煎熟，淋上太白粉水勾
   芡，灑上香鬆。
3. 把綠花椰菜及泡麵放入滾水煮至八分熟，起
   鍋裝碗，最後擺上紅麴魚排即可。

MEMO

在此灑上芝麻及海苔是為了增加香味，吃
起來多了一種香味！

46 長豆肉絲泡麵

 材料（兩人份）

長豆……………………	2 支
肉絲……………………	4 兩
紅辣椒片……………	1 支
蒜片…………………	少許
沙拉油………………	2 匙
水……………………	750c.c.
泡麵…………………	2 包

 料理時間： 5 分鐘

 花費金額： 約 30 元

 作法

1. 起油鍋爆香蒜片及肉絲，加入長豆及紅辣椒片一起拌炒。
2. 把泡麵煮至八分熟，擺上已炒好的豆子及肉絲即可。

 適合泡麵

一般口味泡麵均可。

MEMO

這道料理亦可用榨菜來代替長豆。

47 黃金蝦與青江菜泡麵

 材料（兩人份）

帶殼蝦子⋯⋯⋯⋯⋯ 4 隻
青江菜⋯⋯⋯⋯⋯⋯ 2 顆
魚露⋯⋯⋯⋯⋯⋯⋯ 少許
水⋯⋯⋯⋯⋯⋯⋯⋯ 900c.c.
泡麵⋯⋯⋯⋯⋯⋯⋯ 2 包

 料理時間：10 分鐘

花費金額：約 80 元

 **作法**

1. 青江菜汆燙後備用。
2. 取平底鍋將帶殼蝦子爆香加入魚露，香味散發出來後加入水煮至蝦子八分熟。
3. 最後加泡麵與青江菜用蓋鍋悶煮半分鐘，即可熄火盛碗。

適合泡麵

一般海鮮口味泡麵均可。

MEMO

帶殼蝦了經過爆香能將蝦子鮮味提出，此作法與一般去殼蝦仁不同。

48 養生牛蒡竹筍泡麵（素食可）

 材料（兩人份）

枸杞	少許
牛蒡	1 段
麻竹筍	少許
新鮮香菜	少許
水	1,500c.c.
當歸枸杞細麵	2 包

 料理時間： 35 分鐘

 花費金額： 約 50 元

 作法

1. 山藥與竹筍洗淨去皮，牛蒡切片，竹筍切絲。
2. 將已處理之山藥，竹筍與枸杞一同放入水裡煮，約半小時後加入泡麵與其調味料。
3. 煮 3 分鐘後盛入湯碗，綴以香菜裝飾。

 **適合泡麵**

康師傅的當歸枸杞細麵。

MEMO

天涼時可以藥膳滋補。

49 菠菜雞湯泡麵

 材料（兩人份）

菠菜	半把
雞湯塊	1 個
紅黃甜椒	各 50g
水	500c.c
泡麵	2 包

 料理時間：10 分鐘

花費金額：約 80 元

 作法

1. 菠菜洗淨切段，紅黃甜椒切丁備用。
2. 將菠菜入滾水汆燙 2 分鐘後撈起泡冷水，保持翠綠色澤。
3. 再將燙好的菠菜連冷水倒入果汁機內打勻，最後加雞高湯續煮。
4. 為避免菠菜的葉綠素因煮太久而消失，冷水時即可加入泡麵。這也是泡麵覆水性佳，不需久煮的好處。最後起鍋後再加上紅黃椒裝飾。

 **適合泡麵**

一般口味泡麵均可。

MEMO

這道料理讓不愛吃菠菜的人也能輕鬆接受，因為雞高湯可以去除蔬菜的苦澀味而變得溫潤好吃！

50 法國鴨胸蔬菜泡麵

 材料（兩人份）

進口鴨胸（或宜蘭鴨賞）… 1 片
洋蔥…………………………… 半顆
紅黃甜椒…………………… 1/3 顆
新鮮香菇…………………… 2 朵
荷蘭豆……………………… 少許
水…………………………… 900c.c.
泡麵………………………… 2 包

 料理時間：10 分鐘

花費金額：約 120 元

 作法

1. 將上列蔬菜洗淨切片。
2. 鴨胸皮朝鍋底小火先煎，讓鍋子的溫度將鴨的油逼出，呈現金黃焦香即可取出，待涼時切片。
3. 利用鴨油直接炒熟上列切片蔬菜，並加入半包泡麵調味料。
4. 滾水將泡麵及另半包調味料煮 2 分鐘左右，擺上已炒好蔬菜及鴨肉即可。

 適合泡麵

一般口味泡麵均可（肉燥及排骨湯底最佳）

MEMO

這道料理簡單方便又非常美味。

Chic 嬉・生活 021

泡麵達人館店長 💗
Joyce 的新煮義

作　　者：謝于璇
編　　輯：蔡欣育
校　　對：蘇芳毓
出　版　者：英屬維京群島商高寶國際有限公司台灣分公司
　　　　　　Global Group Holdings, Ltd.
地　　址：台北市內湖區洲子街 88 號 3 樓
網　　址：gobooks.com.tw
電　　話：（02）27992788
E - m a i l：readers@gobooks.com.tw（讀者服務部）
　　　　　　pr@gobooks.com.tw　（公關諮詢部）
電　　傳：出版部（02）27990909　　行銷部（02）27993088
郵政劃撥：19394552
戶　　名：英屬維京群島商高寶國際有限公司台灣分公司
發　　行：希代多媒體書版股份有限公司發行 / Printed in Taiwan
初版日期：2010 年 10 月

國家圖書館出版品預行編目資料

拜託！泡麵這樣煮超好吃－泡麵達人館店長 Joyce 的
新煮義 / 謝于璇作 . -- 初版 . -- 臺北市：高寶國際出版：
希代多媒體發行 , 民 99
　　面；　公分（嬉生活系列 021）

ISBN 978-986-185-516-5（平裝）

1. 麵食食譜

427.38　　　　　　　　　　　　　　99016172